British style Icing cookie

英倫風手繪糖霜餅乾 100款

一般社團法人 日本Salonaise協會

池田まきこ／著

曹茹蘋／譯

前言

初次遇見糖霜餅乾時的那份感動，

至今仍鮮明地保存在我心中。

手掌中的餅乾世界是如此純粹、可愛又細膩，

讓我回過神時，早已不知不覺地為糖霜餅乾所著迷。

有時像在作畫，有時則像在寫卡片。

一旦習慣了，變得能夠隨心所欲地使用糖霜，

那麼包括描繪和色彩運用，都可以自由自在地創作。

只要利用喜歡的形狀和顏色製作，再加上姓名、日期和訊息，

就成了一份向他人傳達心意的完美禮物。

不僅如此，味道還很好吃，簡直就是奇蹟！

本書匯集了從我最喜歡的倫敦街道聯想到的造型，

以及適合做為禮物、富有節日氣氛的設計，

並且詳細記載作法。

但願能夠讓更多人感受到為糖霜餅乾心動的那瞬間。

Bon! Farine　池田まきこ

Contents

前言 —— p.3

※（　）內為How to make的頁碼

花圈
p.24（p.71）

刺繡茶壺
p.25（p.72）

甜點屋
p.26（p.73）

婚禮
p.28（p.75）

嬰兒
p.30（p.78）

生日
p.31（p.80）

康乃馨
p.32（p.82）

留言卡
p.33（p.83）

海洋
p.34（p.84）

萬聖節
p.35（p.86）

聖誕節
p.36（p.88）

小鳥的情書
p.38（p.90）

a

倫敦

糖霜餅乾也有讓旅行的感動，
以及當時的心情鮮明重現的力量。

How to make

a 愛心英國國旗 — p.48
b 衛兵標籤 — p.49

b

LoNDoN

倫敦街景

街景與當地的生活。
這些房子是我親身感受到的倫敦印象,
如實地用有形的糖霜餅乾表現出來。

How to make

a　倫敦的房子 — p.50
b　樹木 — p.50
c　街燈 — p.50

a

下午茶

用喜歡的茶具組，
讓下午茶時光更添樂趣。
不妨以美味的維多利亞蛋糕佐茶。

How to make

a　紅茶罐 — p.52
b　維多利亞蛋糕 — p.52
c　茶具組 — p.51
d　圓點茶杯 — p.51

b

c

d

籃子

無論是用來穿搭，還是當成室內擺飾，「籃子」都是我最喜歡的配件。
雖然看似複雜，實際上卻是簡單的線條反覆。
只要仔細地重疊線條，栩栩如生的籃子就完成了。

How to make
籃子 ─ p.53-54

泰迪熊

動物圖案不僅做起來有趣，當成禮物送人也非常討喜。
重點是要讓糖霜圓嘟嘟地隆起，製造出立體感。

How to make

a　泰迪熊 — p.55
b　禮物 — p.55

餐具

以看似會出現在英國古董店裡的餐具為主題。
塗成灰色後再裹上亮晶晶的粉末，
煙燻銀色的叉子就完成了。

How to make
餐具 — p.56

熱氣球

要是有格紋圖案的熱氣球就好了！
能夠輕易實現這份願望，
也是糖霜餅乾的魅力之一。
若是統一採用黑白色調，就能稍微展現出成熟氣息。

How to make
熱氣球 ─ p.57

牛角扣外套

有著可愛鈕扣和帽子的牛角扣外套是冬天的必備品。
你喜歡用什麼顏色的外套,搭配哪一個包包呢?

How to make

a 牛角扣外套 — p.58 　　**b** 格紋托特包 — p.59

我的房間

有點復古的檯燈，和讀到一半的書。
有花朵相伴的生活。
在糖霜餅乾的世界中，
打造令人心情平靜的理想空間。

How to make

a 花朵 — p.61
b 古董檯燈 — p.60
c 書 — p.60
d 闔上的書 — p.61

玫瑰

富有立體感的玫瑰花，比起簡單地裝飾更具魅力。
可以事先做好備用的花朵配件，
大大拓展了裝飾的豐富性。

How to make

玫瑰 — p.62

3種小瓶子

不知為何，我從小就深受小瓶子吸引。
除了拿來裝旅行時蒐集到的海灘沙子，
用途不明、不知道要用來裝什麼的小瓶子也很棒。

鈴蘭＆鬱金香

我嘗試將鈴蘭和鬱金香畫得稍具立體感。
用具有沉穩感的藍色來製作，能夠營造出嫻靜成熟的印象。

How to make

a 鈴蘭 — p.65　　**b** 鬱金香 — p.65

芭蕾舞者

淺粉紅色芭蕾舞鞋是女孩心中永遠的憧憬。
我描繪出女孩一心一意努力練習的身影。

How to make
a 芭蕾舞者 — p.66
b 芭蕾舞鞋 — p.67

a

b

古董

在英國找到的漂亮鐵製品，
以及自然地擺放在古董店一隅的迷人胸針。
這類令人印象深刻的物品總能夠帶給我靈感。

How to make

a 羽毛 — p.68
b 胸針 — p.68
c 古董蝴蝶結 — p.68

花朵杯子蛋糕

只要在杯子蛋糕上加上花朵和提把，
就完成了適合用來送禮的花籃風杯子蛋糕。
花朵和提把當然也都可以食用。

How to make
花籃杯子蛋糕 — p.69

小鳥 & 蝴蝶

小鳥和蝴蝶總會為人們帶來新的季節感。
以柔和的黃色製作，創造出平靜祥和的春天氣息。

How to make
a 蝴蝶 ─ p.70
b 小鳥 ─ p.70

a

b

花圈

描繪花朵和植物非常好玩，而且意外地簡單！
首先用綠色畫出大致的框架，之後再視整體的平衡，
將細部的花朵描繪上去。

How to make

刺繡茶壺

想像自己正一針、一針地縫製，用糖霜的線條表現出刺繡的感覺。
徒手描繪出來的形狀不會太過整齊，反而讓整體顯得更有氣氛。
描繪莖、葉子的綠色以及花朵的顏色，
只要巧妙地利用深淺不一的同色系，就能營造出清新恬靜的氛圍。

How to make
刺繡茶壺 ─ p.72

甜點屋

歐洲人認為「越古老越好」的價值觀十分吸引我。
細膩的鐵花架，門窗上立體的遮陽棚。
將憧憬的模樣化為有形。

How to make
甜點屋 ― p.73-74

婚禮

用白色花朵點綴純白的禮服，
感覺是如此地清新簡樸。
我是以「成對的小鳥有了可以回去的家」為發想，
創作出這個系列。

How to make

嬰兒

遊戲方塊、木馬、布偶，
嬰兒主題的每款作品都可愛得令人心動。
當成慶祝寶寶誕生的禮物，相信對方一定會很喜歡！

How to make

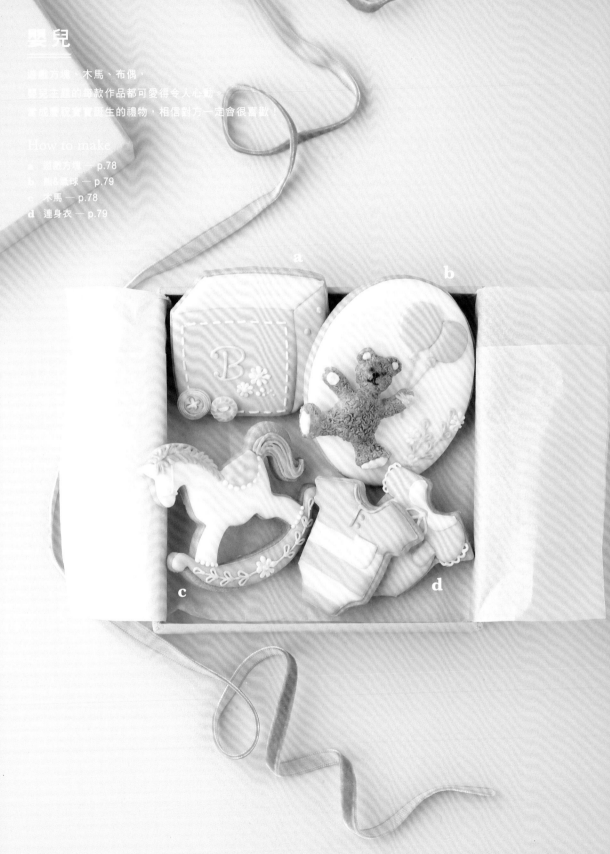

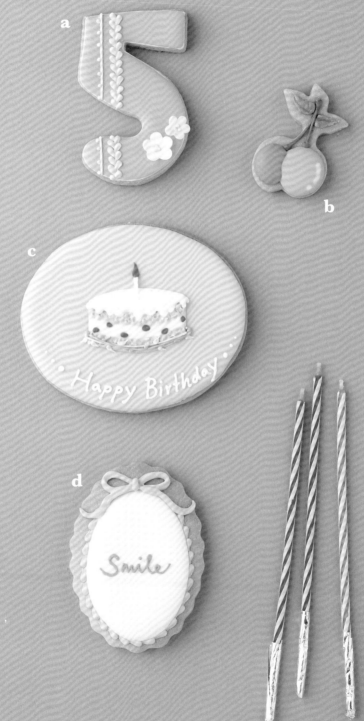

生日

用糖霜餅乾妝點
一年一度的特別日子。
讓長存心中的重要回憶，
變得更加美麗燦爛。

How to make

a 數字 5 — p.81
b 櫻桃 — p.81
c 蛋糕 — p.80
d 蝴蝶結留言卡 — p.80

康乃馨

用糖膏製作出立體的康乃馨，
簡單地裝飾在餅乾上。
這個設計概念是藉由留白來表達心中的感謝之意。

How to make
康乃馨 — p.82

留言卡

可以寫上名字或訊息的糖霜餅乾，
有時也會變身成留言卡。
點綴上花朵後，整體感覺更加華麗。

How to make

a 粉紅色 — p.83
b 灰色 — p.83
c 條紋 — p.83

a

b

c

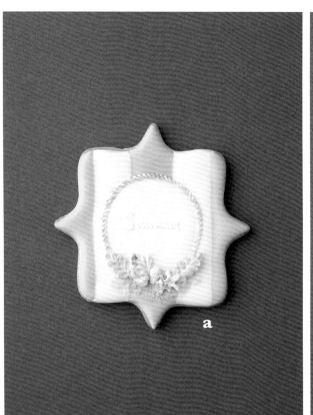

a

b

c

d

e

海洋

海軍藍×紅色是我從小最喜歡的配色。
無邊無際的大海,
讓人好想出發去冒險的夏日。
希望你也能感受到那份興奮與雀躍。

How to make

a 貝殼相框 — p.84
b 船錨 — p.84
c 救生圈 — p.84
d 帆船 — p.85
e 指南針 — p.85
f 螃蟹 — p.85

f

萬聖節

幽靈、南瓜燈、黑貓等等，
萬聖節不可或缺的元素齊聚一堂。
再加上裝飾成卡片風格的
女巫帽和女巫服，
簡直就像大家一起在開萬聖節派對。

How to make

a 南瓜 ─ p.87
b 幽靈 ─ p.86
c 女巫服&帽子 ─ p.86
d 黑貓 ─ p.87

Happy Halloween!!

聖誕節

令人期待著趕快到來的聖誕節。
放在蛋糕上、裝飾在樹上，
聖誕節也是糖霜餅乾大現風采的時候。

How to make

a 花圈 — p.88
b 聖誕樹 — p.88
c 星星 — p.88
d 裝飾品 — p.89
e 馴鹿 — p.89

d

e

Jolly Merry happy joyful

小鳥的情書

這是一隻捎來情書的小鳥。
小鳥的翅膀立體浮現，
展現出糖霜特有的細膩質感。

How to make
小鳥的情書 — p.90

How to make

以下介紹利用糖霜、糖膏裝飾餅乾時，
所需要的基本道具、材料，以及基本的技法。
另外，本書所介紹的糖霜餅乾作法
也請參閱以下內容。

糖霜裝飾的道具

利用糖霜、糖膏進行裝飾時所使用的基本道具。

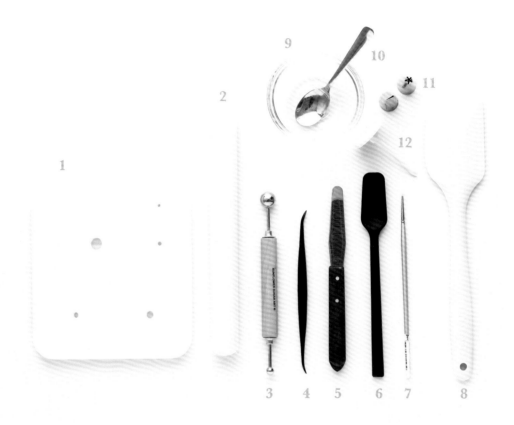

1 海綿墊
將糖膏塑型時鋪在下面使用。

2 擀麵棍
用來擀薄糖膏。

3 球型工具棒
讓糖膏配件產生弧度。

4 葉脈塑型棒
在糖膏配件上畫出筋脈。

5 抹刀
可用來在板子上重打糖霜，
以及將糖霜裝入擠花袋。

6 矽膠湯匙
有了這種軟湯匙，
就能輕鬆將杯子裡殘留的糖霜挖乾淨。

7 筆
用來繪圖，以及進行糖霜的細部修正。
亦可用來將軟性糖霜直接塗在餅乾上
（這時選用平刷比較方便）。

8 橡膠刮刀
方便用來攪拌糖霜、製作餅乾麵團。

9 小玻璃杯
為糖霜調色及調整水分時使用。

10 湯匙
可用來攪拌糖霜及撒上細砂糖。

11 花嘴
裝在三明治袋或擠花袋上擠出糖霜，可製作出各式各樣的形狀。

12 花釘
用花嘴擠出花朵時使用。

糖霜裝飾的材料

以下是本書所使用的糖霜裝飾材料。

1 **蛋白霜粉**
加入糖粉中做成糖霜。

2 **糖粉**
糖霜的主原料。由於純糖粉容易結塊，
因此選擇添加寡糖或玉米粉的種類比較方便使用。

3 **愛素糖**
加熱融解後會流進餅乾上的孔洞中，
一旦冷卻就會變得像窗戶玻璃一般。

4 **糖板粉**
加水揉捏成形，乾燥後會變得硬而堅固。

5 **糖花膏**
適合用來製作花朵的糖膏。

6 **SK色粉**
可用來替食品上色的細緻粉末。
本書以少量酒精溶解，用於繪圖。

7 **SK色膏**
為糖霜和糖膏上色。

8 **惠爾通色膏**
為糖霜和糖膏上色。

9 **惠爾通翻糖**
翻糖糖膏。
本書是用來製作以模型取型的裝飾。

餅乾作法

這是做為基底的餅乾麵團作法和烘烤方式。
如果想要黑色餅乾，就做成可可口味。

材料

無鹽奶油 — 100g　　蛋 — 1/2 顆（約30g）
糖粉 — 75g　　低筋麵粉 — 235g

準備

· 奶油要軟化至室溫。
· 蛋要回復至室溫。
· 低筋麵粉要事先過篩。

> 變化成可可餅乾
>
> 將材料中的低筋麵粉235g改為「低筋麵粉215g＋
> 黑可可粉20g」，混合過篩後使用。

How to make

1 將奶油打到變柔滑。

2 加入糖粉搓拌混合。

3 分次少量地加入蛋液，將材料攪拌到整體完全融合。

4 加入低筋麵粉，攪拌到看不見粉粒後揉成一團。

5 用保鮮膜或夾鏈袋密封包覆，放進冰箱冷藏鬆弛約半天。

6 將鬆弛過的麵團用擀麵棍擀成4mm的厚度 [A]。
　※如果麵團很硬就放在室溫中靜置片刻，待軟化後再使用。

7 用餅乾模型取型 [B]，取一定間隔排放在鋪有矽膠烤墊的烤盤上 [C]。

8 以預熱至170～180℃的烤箱烘烤約15分鐘。

9 等到烤上色就移到冷卻架上冷卻。

A

B

C

Attention

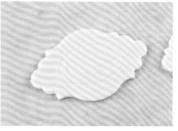

如果要在餅乾上壓出橢圓形的溝，必須烘烤前就先取型。

用模型壓出的溝，可做為用糖霜描繪邊框時的依據。

糖霜作法

「糖霜」的英文全名為「Royal Icing」。
本書所記載的「糖霜」皆是指Royal Icing。

材料
糖粉 — 200g　蛋白霜粉 — 8g
水 — 25g　※水量須視硬度進行微調

How to make

1 在缽盆中混合糖粉和蛋白霜粉。

2 加入水。

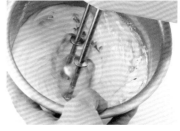

3 用手持式攪拌器打5分鐘左右。

4 用橡膠刮刀像是要把空氣抽出來似地攪拌到產生光澤。

打成出現尖角的「偏硬」程度，使用時再依用途加入水分調整。

糖霜的保存

在「偏硬」的狀態（水分少的狀態）下保存。用保鮮膜密封包覆，可於常溫下（夏天要放冰箱）保存4～5天。水分多的糖霜和調色過的糖霜則必須於當日使用。
使用經過保存的糖霜時，要先以橡膠刮刀充分打過再用（若是保存在冰箱中，則要先回復至室溫再打）。將打好的糖霜裝入擠花袋中使用。

糖霜的硬度

偏硬

尖角挺立的狀態。適合在以花嘴進行裝飾及黏合餅乾時使用。

中等

尖角下垂的狀態。可用來描繪邊框、文字和花紋。

偏軟

滴落後大約5秒，痕跡就會消失的狀態。可用來塗抹底色，以及描繪和底色融合的花紋。

※本書除了上述的3種基本硬度外，還會在「中等」中加入少許水軟化，以「中等偏軟」的第4種硬度進行裝飾。

基本的糖霜裝飾

擠花袋作法

裝入糖霜，用來畫線或是塗上底色。請配合使用的糖霜分量來調整大小（將邊長15～20㎝的正方形依對角線裁成等腰直角三角形比較方便使用）。

※為方便讀者了解，照片中是使用烘焙紙，但實際上會使用透明的OPP紙。

1 將B捲一圈對齊C的位置，接著將A捲到C的後方。

2 讓三者重疊約2㎝，確認前端確實閉合且呈尖頭狀之後，使用釘書機固定重疊部分。

在擠花袋中裝入糖霜

1 裝入糖霜時，要用湯匙等工具將糖霜填入擠花袋深處，並且小心抽出湯匙以免破壞擠花袋的形狀。

2 將擠花袋上方的三角形部分往前折，接著將左右兩個角也往前折，再從上面往下折1～2次。

3 縱貼膠帶加以固定。

畫出邊框後塗上底色

用剪刀剪開裝入中等硬度糖霜的擠花袋前端（1～2㎜左右）。
在接觸裝飾面（餅乾表面）的狀態下開始描繪，以讓線條騰空後放下的方式畫線（曲線也是一樣）。

讓擠花袋朝行進方向傾斜，描畫的時候只要稍微感覺像在往前拉似地，就能畫出漂亮的線條。結束時要放掉擠壓擠花袋的力量，讓擠花袋的前端輕觸裝飾面。

線條的位置是依設計來決定，如果是沿著餅乾的邊緣來畫，在移動餅乾時要小心，不要讓邊框線條破損。

塗上底色。在擠花袋中裝入偏軟的糖霜，剪開前端（2～3㎜左右）後從餅乾邊端開始填滿。

用擠花袋描繪的各種花紋

隨心所欲地畫出直線、虛線、曲線、圓點、水滴等各種圖案吧。

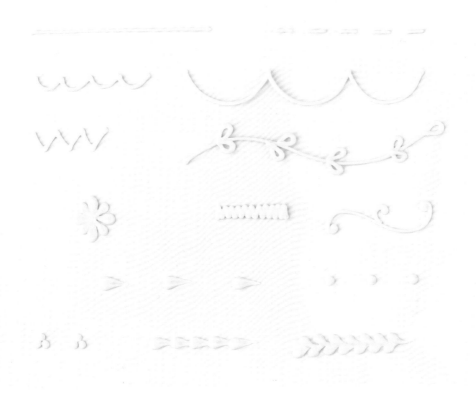

杯子蛋糕作法

材料（直徑6cm的馬芬模型8個份）

無鹽奶油 — 50g

砂糖（黍砂糖或其他）— 70g

蛋 — 1顆

鹽 — 1小撮

牛奶 — 60cc

低筋麵粉 — 100g

杏仁粉 — 10g

泡打粉 — 1小匙

準備
· 奶油要回復至室溫。
· 蛋要回復至室溫。
· 粉類（低筋麵粉、杏仁粉、泡打粉）
　要事先混合過篩。

How to make

1 將回復至室溫的奶油用打蛋器打到變柔滑。

2 加入砂糖搓拌均勻。

3 分次少量地加入蛋液，攪拌到整體完全融合。1小撮鹽巴也在這時加入。

4 倒入一半的牛奶充分混合，然後加入一半的過篩粉類攪拌均勻。再倒入剩下的牛奶混合，接著加入剩下的粉類。

5 將麵糊充分攪拌到產生光澤。

6 將麵糊倒入鋪有烘焙紙杯的模型至八分滿，以預熱至170℃的烤箱烘烤20～25分鐘。

糖霜裝飾的各種技法

糖膏的用法

使用模型

1　將適量的糖膏壓進模型裡。
　　如果會沾黏，就把糖粉當成
　　手粉進行作業。

2　從模型中取出使其乾燥。

利用球型工具棒製造弧度

1　用擀麵棍將糖膏擀薄。

2　壓上模型。

3　將糖膏壓成花朵形狀。

4　在海綿墊上用球型工具棒按
　　壓糖膏。

利用花脈壓模加上花脈

利用葉脈塑型棒畫出花筋

將糖膏擀薄後用模型取型，接
著使用花脈壓模做出花脈。

只要用花脈壓模夾住，就會如
圖所示產生花脈。

將糖膏擀薄後用模型取型，接
著使用葉脈塑型棒畫出花筋。

只要用葉脈塑型棒從花瓣外側
往中心拉，就能畫出花筋，並
且產生微微的弧度。

將擠花袋的前端剪成 V 字型使用

剪成 V 字型

葉片

如圖所示，將擠花袋前端剪成
V 字型。

在接觸裝飾面的狀態下開始擠
出糖霜，然後放鬆力道往斜上
方拉。

糖霜會隨著往上拉的動作產生
紋路。

毬果

在厚紙板上放上烘焙紙，從下方用牙籤戳出約7mm當成軸。

想像毬果的形狀，以軸為中心擠出底座。

在下層擠出一圈小刺，接著視整體平衡一邊往上擠。完成後從下方輕輕拔出牙籤，直接放在烘焙紙上乾燥。

使用花嘴擠出花朵和花紋

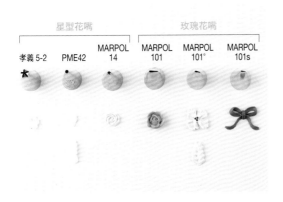

星型花嘴　　　　玫瑰花嘴

孝義 5-2　PME42　MARPOL 14　MARPOL 101　MARPOL 101°　MARPOL 101s

玫瑰

一邊旋轉花釘，一邊擠出圓錐形的花芯，接著用2片花瓣繞其周圍一圈，之後再用3片花瓣圍繞一圈……依此類推。

蝴蝶結

讓花嘴較寬的那一側接觸裝飾面，依照箭頭的方向由中央往右、由中央往左畫出蝴蝶結的形狀。

調色方法

使用牙籤沾取適量的凝膠狀色膏，加進糖霜中混合均勻。

從淺色開始嘗試，之後再慢慢加深調成喜歡的顏色。

色表

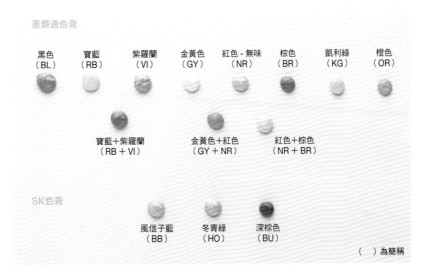

惠爾通色膏

黑色（BL）　寶藍（RB）　紫羅蘭（VI）　金黃色（GY）　紅色-無味（NR）　棕色（BR）　凱利綠（KG）　橙色（OR）

寶藍＋紫羅蘭（RB＋VI）　金黃色＋紅色（GY＋NR）　紅色＋棕色（NR＋BR）

SK色膏

風信子藍（BB）　冬青綠（HO）　深棕色（BU）

（ ）為簡稱

愛心英國國旗　Photo ›› p.6

Icing　顏色／硬度

邊框 — WH／中等
底色 — WH／偏軟
刷色 — NR・RB

How to make

1　用白色塗上底色，乾了之後用酒精溶解紅色的凝膠狀色膏，
　　在中央畫上十字線條，接著也塗上其他紅色部分。
2　塗完紅色部分後塗上海軍藍。
3　如照片所示完成整體。

1　　　　　　　　　　2　　　　　　　　　　3

※本書會說明基本的製作步驟，請以本書為參考，試著自行在顏色、設計上添加巧思。

衛兵標籤　Photo ›› p.7

衛兵

Icing　顏色／硬度

帽子＆褲子 — BL、臉 — OR少、上半身 — NR／皆為中等偏軟，褲子的線條等 — GY／中等

How to make　圖案 ≫ p.94-1

1 在塗了起酥油的OPP紙上，擠出圓點做為臉的部分，等到稍微變乾後再擠出帽子。
2 身體要從左邊的部分開始畫，等到稍微凝固後再依序畫出具立體感的區塊。
3 腳要從後面那隻腳開始畫，等到稍微變乾後再畫前面的部分。
4 腰帶、褲子的線條、帽子的繩子要用黃色來畫。

Point

每個部分都要將糖霜擠得很立體，並且用擠花袋的前端輕輕地垂直敲打糖霜表面，讓表面光滑平整。

將OPP紙放在圖案上面並塗上起酥油，之後就可以輕易剝下糖霜。

照著草稿用糖霜畫出圖案，然後確實使其乾燥。

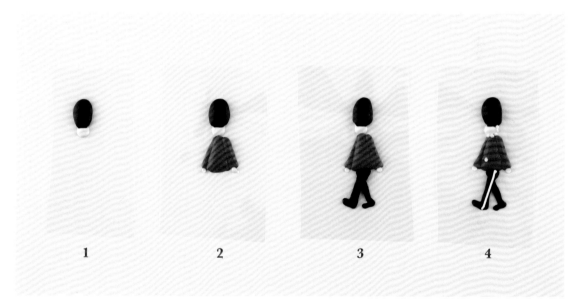

1　　　　2　　　　3　　　　4

標籤

Icing　顏色／硬度

邊框 — WH／中等，底色 — WH／偏軟
縫線 — BR／中等

How to make

1 畫出邊框，塗上底色。
2 用褐色糖霜在周圍畫出縫線。
3 將完全乾燥的衛兵配件輕輕地從OPP紙上取下，用糖霜貼在標籤上。

倫敦的房子 Photo >> p.8

Icing　顏色／硬度

屋頂　邊框 — NR／中等，底色 — NR／偏軟

牆壁　邊框 — BL少／中等，底色　BL少／偏軟　　門・窗 — RB・WH／偏軟

花台 — BL／中等，植物 — HO深淺／中等，花朵 — NR・GY／中等，窗戶等的線條 — WH

刷色 — BU、白色食用色粉（Edelweiss）

How to make　餅乾模型 >> p.91-1

1 畫出邊框。

2 分成屋頂、房子的樓梯以上、樓梯以下這幾個部分，分別都要等到稍微凝固後再塗下個部分。各部分的窗戶和門要與牆壁保持平坦。

3 畫出窗框和門的花紋。

4 使用黑色糖霜，畫出窗框下的花台和大門兩側的燈。

5 在樓梯上畫出扶手。

6 在花台和樓梯畫上植物，最後依照下述的方式加上刷色。將深棕色色膏和白色食用色粉分別用酒精溶解，混合做成帶有乳白色的褐色，接著用筆稀疏地塗在牆壁上，營造出斑駁的感覺。最後使用細筆，用上述的白色畫出部分磚塊花紋。

※設計不同的房子基本上也是依照上述步驟，改變顏色製作。

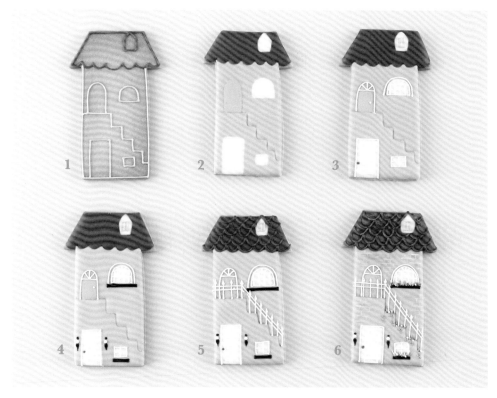

街燈・樹木

畫出邊框後塗上底色，等乾了之後畫出街燈和樹木。

畫樹木時要刻意讓表面凹凸不平。

畫上樹枝，變乾之後用酒精溶解褐色的凝膠狀色膏，稍微上色。

茶具組　Photo ›› p.9

Icing　顏色／硬度

邊框 — NR+BR+GY少／中等，底色 — NR+BR+GY少・WH／偏軟
茶壺的商標 — WH／偏軟
花紋 — WH／中等、NR+BR+GY少／中等

How to make　餅乾模型 ≫ p.91-2、3

1 畫出邊框（製作杯子時要將餅乾翻面，讓把手朝右使用）。
2 條紋部分要從末端開始依序描繪，如此才能平坦相連；想要
　畫得比較立體的部分（把手和壺嘴等），則要等稍微凝固後
　再塗上糖霜。

3 茶壺要等到乾了，再畫出蓋子部分的線條，然後上色；商標
　部分要用偏軟的糖霜直接畫出橢圓形。分別都要等乾了再畫
　上花紋和文字。

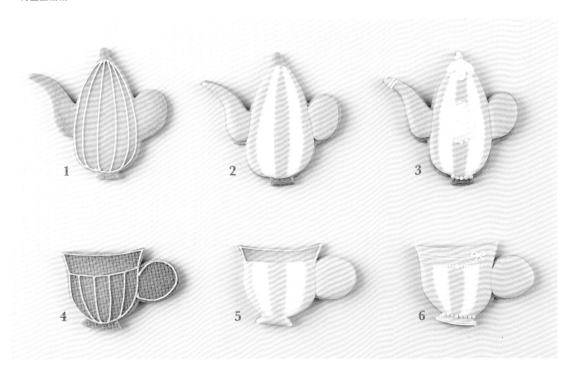

圓點茶杯

Icing　顏色／硬度

邊框 — NR+BR+GY少／中等，底色 — NR+BR+GY少・WH／偏軟
花紋 — NR+BR+GY少／中等

How to make

1 畫出邊框，分別塗上粉紅色和白色，且兩色之間要平坦相連。
　等到稍微凝固後再塗把手部分。
2 等到完全乾燥後，在白色部分薄薄地塗上偏軟的糖霜，
　然後只在那個部分放上細砂糖。最後加上圓點等裝飾。

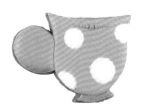

紅茶罐　Photo ›› p.9

Icing　顏色／硬度

邊框 — KG／中等，底色 — KG／偏軟
商標 — WH／偏軟，腰帶 — BR／偏軟
花紋 — KG／中等

How to make　餅乾模型 ≫ p.91-4

1 畫出餅乾周圍和白色商標部分的邊框，分別塗上2種不同的顏色（要平坦相連）。
2 等乾了之後畫上蓋子的花紋，另外也要畫上商標和罐子本體的裝飾。
3 加上花紋和文字後，將偏軟的褐色糖霜薄薄地塗在腰帶上。

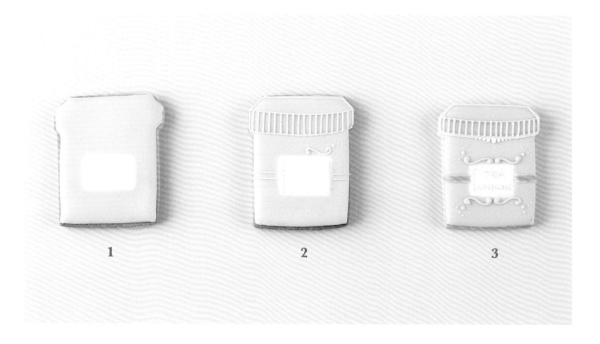

1　　　　　2　　　　　3

維多利亞蛋糕

Icing　顏色／硬度

邊框 — WH／中等，底色 — WH／偏軟
蛋糕台 — BL／中等偏軟
海綿蛋糕　邊框 — BR／中等，底色 — BR／偏軟
果醬＆草莓 — NR／中等，奶油霜 — WH／中等

How to make

1 塗上白色的底色，等乾了之後再用灰色畫出蛋糕台。
2 用淺米色畫出海綿蛋糕的邊框後塗滿，
　等到快乾時用指套將表面戳成粗糙狀。
3 畫上夾在蛋糕中間的奶油霜和果醬，
　最後在蛋糕上方擠上紅點當成草莓。

籃子 1　Photo ›› p.10

Icing　顏色／硬度

邊框 — WH／中等，底色 — WH／偏軟
籃子的邊框 — BU／中等，底色 — BU／偏軟
籃子網格 — BU／中等

How to make

A

1 將加入竹炭粉後變成黑色的糖膏擀薄，然後取型。
2 用牙籤製造出波浪狀。［A］
3 將波浪狀的部分朝正面折過來，並切掉多餘的部分。
4 將餅乾塗上白色的底色，等乾了之後再畫出籃子的邊框，接著用糖霜黏上糖膏。
5 也在糖膏上畫出邊框，然後塗上偏軟的褐色糖霜，等乾到一定程度再畫上籃子的花紋。
6 把手要用中等硬度的糖霜先畫出線條，再以Z字型擠出糖霜包覆那條線。

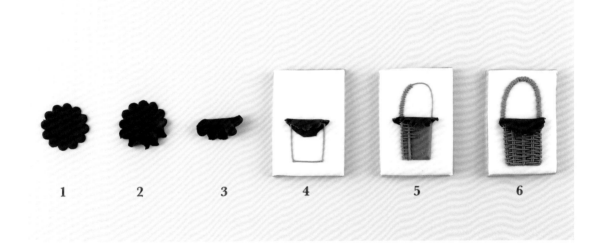

1　**2**　**3**　**4**　**5**　**6**

籃子的基本畫法

Icing　顏色／硬度

BU／中等

How to make

1 畫出直線。
2 畫出橫越直線的橫線。
　這時要保持一條線的間距。
3 再次畫上直線，遮蓋橫線的末端。
4 在步驟2事先空下來的空間畫上橫線，使其看起來
　像是從步驟1的直線下方出現一樣（越過步驟3的
　直線）。

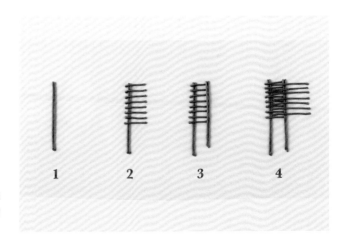

1　**2**　**3**　**4**

籃子 2　Photo » p.10

Icing　顏色／硬度

邊框 — WH／中等，底色 — WH／偏軟
籃子的邊框 — BU／中等，底色— BU／偏軟
籃子網格 — BU／中等
把手 — BL／中等
植物 — HO．GY／中等

How to make

1 將餅乾塗上白色的底色，等乾了之後再畫山籃子的邊框，塗成褐色。
2 以Z字型擠出把手部分。畫籃子本體的花紋時，要想像直線呈放射狀分散出去（用圓點在直線的描繪位置做記號就不會亂掉了）。
3 一邊注意整體的平衡，一邊完成籃子網格的花紋。
4 畫上植物圖案。

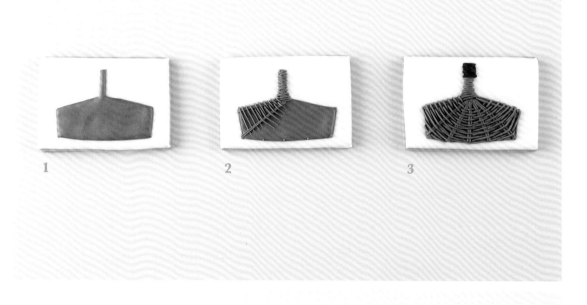

1　　　　2　　　　3

4

泰迪熊 Photo ›› p.11

Icing　顏色／硬度

邊框 — BU／中等，底色 — BU／偏軟
耳朵 — WH／偏軟
愛心　邊框 — NR+BR／中等
　　　底色 — NR+BR／偏軟
圍巾 — WH／中等
眼睛和鼻子 — BL／中等

How to make　餅乾模型 ›› p.91-6

1 畫上邊框。
2 依照身體、腳的順序，等稍微凝固後再分別塗上底色（耳朵要在乾掉之前擠上白色糖霜）。等乾到一定程度再畫上愛心的邊框。
3 用粉紅色塗滿愛心，等變乾再畫上緞帶花紋。手臂要先畫出邊框再塗色。尾巴要用中等硬度的糖霜畫出毛茸茸的感覺。
4 臉的部分要用偏軟的糖霜畫出隆起的橢圓形（不畫邊框）。在腳上隨意塗上中等硬度的白色糖霜，使其呈現蓬鬆感。
5 組合水滴花紋畫出圍巾。
6 用中等硬度的黑色糖霜畫出眼睛和鼻子。

禮物

Icing　顏色／硬度

邊框 — BR／中等
底色 — BR／偏軟 ＋ WH／偏軟
緞帶 — BU・NR+BR／中等

How to make　餅乾模型 ›› p.91-5

1 畫出邊框，用柔軟的糖霜塗滿，然後趁未乾時擠上白色圓點使其與底色融合（蓋子和禮物本體要稍微間隔時間再塗上糖霜）。
2 等到完全乾燥之後，再次在白色圓點塗上偏軟的糖霜，然後黏上細砂糖。
3 用褐色和粉紅色的糖霜畫出緞帶。

餐具　Photo ›› p.12

Icing　顏色／硬度

邊框 — BL少／中等
底色 — BL少／偏軟
花紋 — BL少／中等

How to make　餅乾模型 ›› p.92-7

1 畫出邊框。
2 用柔軟的糖霜塗上底色。
3 等乾了之後畫上花紋，可隨個人喜好用筆塗上食用亮粉，
　再綁上緞帶。

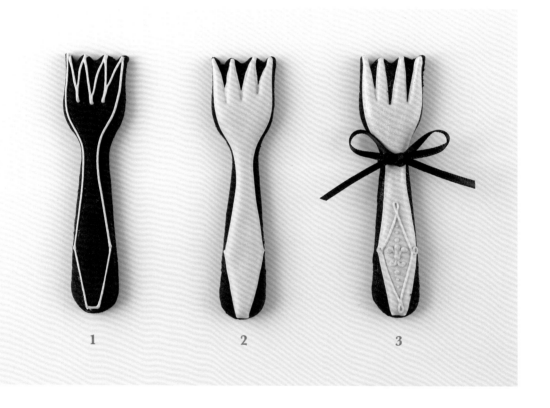

1　　　2　　　3

熱氣球　Photo ›› p.13

Icing　顏色／硬度

邊框 — WH／中等
底色 — 用WH和竹炭粉調成灰色・黑色／偏軟
吊籃 — BU／中等

How to make　餅乾模型 ≫ p.92-8、9

1 畫出邊框。
2 分別用黑色、灰色、白色上色之前，要先用小圓點做記號
　（以免之後上錯顏色）。
3 從末端開始依序上色，並且要注意與相鄰部分保持平坦。
4 畫出熱氣球兩端部分的邊框後塗色。
　吊籃部分要以Z字型擠上褐色糖霜。

Attention
用竹炭粉上色時，要將粉末直接加進
糖霜中，攪拌均勻。加入少量會變成
灰色，如果繼續增量就會變成黑色。

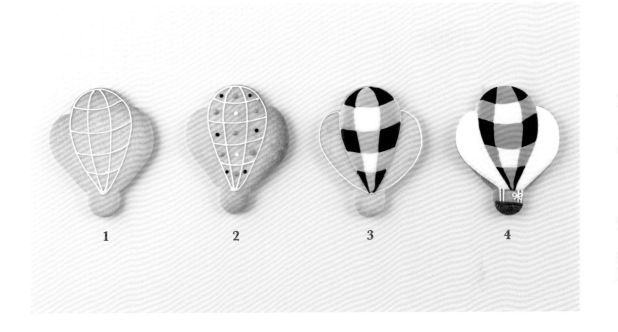

1　　　　2　　　　3　　　　4

牛角扣外套 　Photo ›› p.14

Icing　顏色／硬度

深藍色 ─ BB+BL、紅色 ─ NR、米色 ─ BR／邊框皆為中等，底色皆為偏軟
帽子內裡 ─ BL／偏軟
鈕扣的繩子 ─ BL／中等，牛角扣 ─ BR／中等

How to make　餅乾模型 ›› p.92-10

1　畫出邊框。
2　相鄰部分要等稍微乾了再分別上色。
3　塗滿整面。
4　畫出口袋的線條後上色，接著加上肩膀的線條。畫出帽子的花紋，袖子部
　　分也要加上線條。
5　先畫出鈕扣的繩子，再畫上牛角扣。衣領的扣子要先畫出邊框，然後薄薄
　　地塗上偏軟的糖霜，等乾了之後再畫上鈕扣。

格紋托特包　Photo ›› p.14

Icing　顏色／硬度

紅色 — NR、綠色 — HO、黃色 — GY／邊框皆為中等，底色皆為偏軟

刷色 — BL

線條 — NR・GY・HO／中等

How to make　餅乾模型 ≫ p.92-11

1　畫出邊框，塗上底色。
2　等乾了之後，用以酒精溶解的凝膠狀色膏畫出格紋線條。
3　加深步驟 2 線條重疊部分的顏色，然後用糖霜描繪出細線。

1　　　　　　　　　2　　　　　　　　　3

古董檯燈 Photo ›› p.16

Icing 顏色／硬度

邊框 — WH／中等，底色 — WH／偏軟
支柱 — BU／中等
流蘇 — BR／中等，小花 — WH・GY／中等

How to make

1 畫出邊框，相鄰部分不要馬上著色，必須等稍微凝固後再分別上色。
2 加上支柱和細部裝飾。
3 畫上流蘇和花朵。

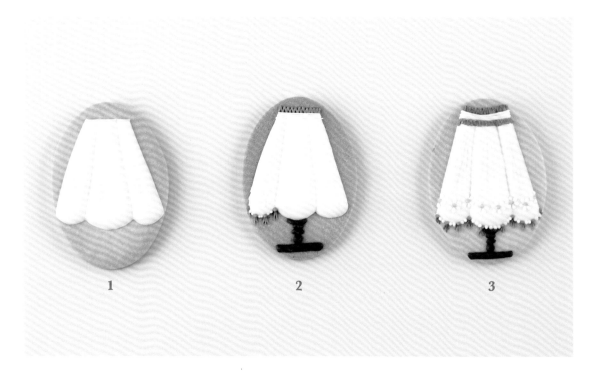

書

Icing 顏色／硬度

邊框 — WH／中等，底色 — WH／偏軟
封面＆書籤 — BU／中等，花朵 — WH・GY・HO／中等
刷色 — BR

How to make

1 畫出邊框，相鄰部分要等稍微凝固後再上色。
2 畫出書背和書頁的厚度。
3 等乾到一定程度就用酒精溶解褐色的凝膠狀色膏，畫上文字。
　最後用糖霜畫出書籤和花朵。

花朵 Photo ›› p.16

Icing　顏色／硬度

邊框 — BR+BL／中等
底色 — BR+BL／偏軟
花朵 — WH・GY・HO／中等

How to make

1 畫出邊框。
2 塗上底色，等乾到一定程度就用綠色畫出花莖。
3 畫上由水滴組合成的花朵，然後在莖重疊的部分畫上緞帶。

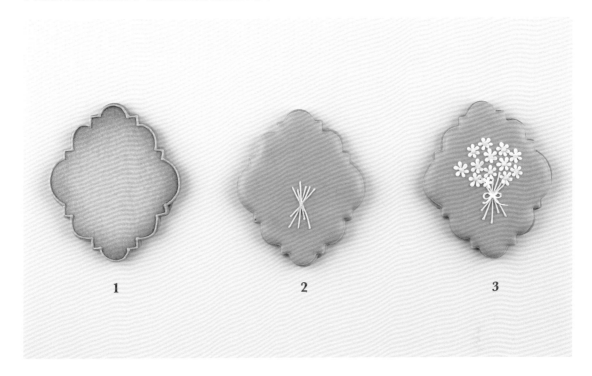

1　　　　　2　　　　　3

闔上的書

Icing　顏色／硬度

邊框 — BU／中等，底色 — BU／偏軟
花朵 — WH・GY／中等

How to make

1 畫出封面部分的邊框，塗上底色。
2 畫出書背和書頁的厚度。
3 畫上封面的花紋和文字。

玫 瑰　Photo ›› p.17

Icing　顏色／硬度

六角形 — HO、標籤 — WH、花圈 — NR+BR／邊框皆為中等，底色皆為偏軟
花朵 — NR+BR・NR+VI／偏硬，花藤 — HO深淺／中等，葉子 — HO／偏硬

How to make

1 畫出邊框，塗上底色。
2 畫上花藤。像六角形餅乾是之後才畫上葉子，
　就要先貼上花朵。
3 黏上花朵，然後一邊視整體平衡，擠出葉子圖案。

※玫瑰花請參考p.47

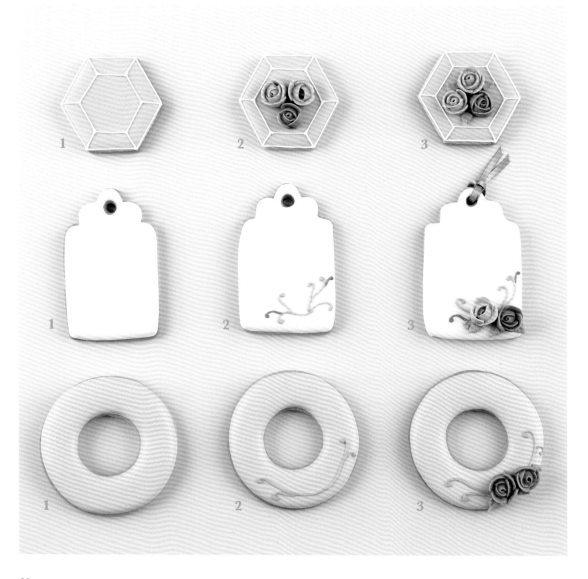

貝殼小瓶子　Photo ›› p.18

Icing　顏色／硬度

邊框 — RB+BL／中等，底色 — RB+BL／偏軟
蓋子　邊框 — WH／中等，底色 — WH／偏軟
商標 — WH／偏軟，滾邊為中等
刷色　貝殼 — BR，海星 — NR

How to make

1 畫出邊框，塗上底色。
2 等到底色乾了，用偏軟的白色糖霜畫出橢圓形商標（不畫邊框），接著在蓋子上畫花紋。
3 等到底色乾了，用筆在瓶底部分塗上偏軟的糖霜，然後馬上撒上細砂糖。用擠成水滴狀的糖霜裝飾橢圓形商標的周圍，然後黏上用花嘴擠出來的貝殼等配件。用以酒精溶解的凝膠狀色膏薄薄地上色。

※貝殼配件請參考「海洋」系列的頁面

1　　2　　3

籃編小瓶子

Icing　顏色／硬度

邊框 — BU／中等，底色 — BU・WH／偏軟
蓋子　邊框 — WH／中等，底色 — WH／偏軟
網格 — BU／中等，花朵 — NR+VI／偏硬，葉子 — HO／偏硬

How to make

1 畫出邊框，分別塗上褐色和白色（要平坦相連）。
2 在褐色部分畫出籃編花紋（參考p.53「籃子的基本畫法」）。
3 黏上用糖霜擠成的玫瑰花（星型花嘴），然後擠上葉子。

格紋小瓶子　Photo ›› p.18

Icing　顏色／硬度

邊框 — WH／中等，底色 — 用WH和竹炭粉調成灰色・黑色／偏軟
蓋子　邊框 — WH／中等，底色 — WH／偏軟
商標 — WH／中等、偏軟

How to make

1 包括劃分格子的線條在內，畫出邊框後做出上色的記號。
2 一邊想著讓各色平坦相連，一邊更換顏色塗抹。
3 等到格紋部分乾了，用中等硬度的糖霜描繪商標的外框，
　再用筆薄薄地塗上稍微融化的糖霜，讓格紋部分透出來。

1　　　　　　　　2　　　　　　　　3

鈴蘭 & 鬱金香　Photo ›› p.19

鈴蘭

Icing　顏色／硬度

邊框 ─ RB+BL／中等，底色─ RB+BL／偏軟
莖・葉 ─ HO深淺／中等
花朵 ─ WH／中等

How to make

1 等底色乾了之後再畫莖，接著畫上鈴蘭花的兩側部分。
2 等到花的兩側部分乾了，再畫上正中央的花瓣。
3 將擠花袋的前端剪成V字型，擠出細長的葉片，最後用圓點組合成的蕾絲花紋裝飾四周。

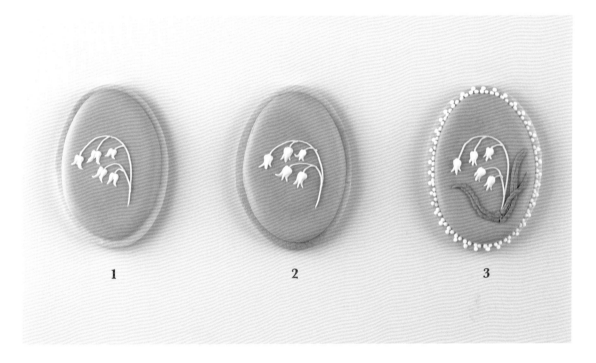

1　　　　　　　2　　　　　　　3

鬱金香

Icing　顏色／硬度

邊框 ─ BB+BR／中等，底色 ─ BB+BR／偏軟
莖・葉 ─ HO／中等
花朵 ─ NR深淺／中等

How to make

1 等到底色乾了，將莖畫成花圈狀。
2 用深粉紅色畫上鬱金香花朵的兩側部分。
3 等兩側部分乾了之後，用淺粉紅色畫出正中央的花瓣，
　 最後視整體平衡，擠上葉片。

芭蕾舞者 Photo » p.20

Icing　顏色／硬度

頭髮 ─ BU／中等偏軟
臉和手腳 ─ OR少／中等偏軟
舞衣＆舞鞋 ─ WH／中等偏軟
刷色　紗裙 ─ BR，舞鞋 ─ NR
最後畫上的頭髮 ─ BU／偏硬

How to make　圖案 » p.94-2

在OPP紙上製作芭蕾舞者。使用在「中等」硬度中加入少許水的「中等偏軟」糖霜。

1 首先畫出臉～肩膀部分，再畫出頭髮（由於細微的毛流要等基底乾了再畫，因此先畫基底就好）、上半身的舞衣、腳（1隻）。
2 等到上半身的舞衣乾到一定程度後，將裙子部分塗白。接著再畫上另一隻腳。
3 畫出手臂、舞衣的肩帶。
4 用偏硬的褐色糖霜畫出頭髮的毛流，等到裙子部分完全乾燥後，用酒精溶解褐色的凝膠狀色膏，薄薄地畫出放射狀線條，表現紗裙的蓬蓬感。接著畫上舞鞋和鞋帶。

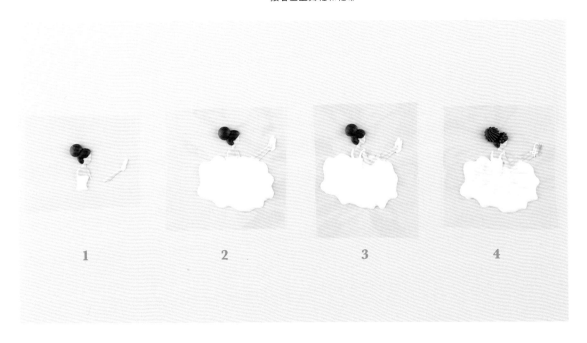

1　2　3　4

芭蕾舞者餅乾

Icing　顏色／硬度

邊框 ─ NR+BR／中等，底色 ─ NR+BR・WH／偏軟
文字 ─ NR+BR／中等
配件的黏合 ─ WH／中等

How to make

1 在餅乾上畫出邊框，分別塗上底色。
2 在粉紅色部分畫出線條和水滴花紋。
3 將完全乾燥的芭蕾舞者配件輕輕地從OPP紙上取下，用糖霜黏在餅乾上，再寫上文字。

芭蕾舞鞋　Photo ›› p.20

Icing　顏色／硬度

邊框 — NR+BR+GY／中等
底色 — NR+BR+GY・WH／偏軟
線條 — NR+BR+GY／中等

How to make

1　事先烤好有孔洞的餅乾，以穿過緞帶。
　　畫出邊框，平坦地塗上2種顏色。
2　等到完全乾燥之後，在鮭魚粉部分再次塗上同色的偏軟糖霜，
　　製造出濕潤感，接著撒上細砂糖，畫上鞋帶。
3　在鞋頭部分畫出圓點花紋，等到完全乾燥再綁上緞帶。

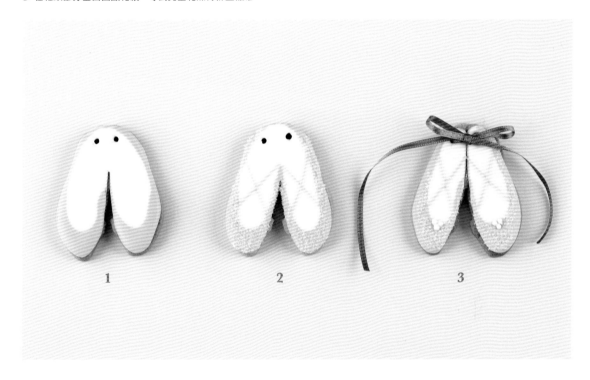

古董蝴蝶結　Photo ›› p.21

Icing　顏色／硬度

邊框 — BR+BL／中等

底色 — RR+BL・WH／偏軟

線條 — BU+BR+BL／中等

How to make　圖案 ›› p.94-4

1　餅乾事先壓成橢圓形烘烤。沿著橢圓形畫出邊框。

2　塗上底色，讓兩色平坦相連。

3　等乾到一定程度，以Z字型左右均等地擠出短線條，
然後在其兩端加上白色小圓點。

4　用糖霜將事先乾燥的蝴蝶結配件（參考p.47）貼在正中央。

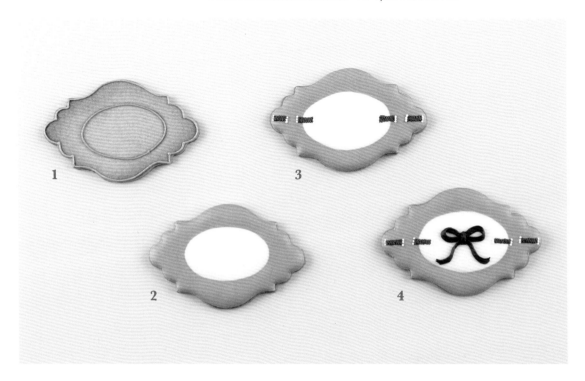

胸針

Icing　顏色／硬度

邊框 — BR+BL／中等

底色 — BR+BL／偏軟

邊框 — WH／中等

底色 — WH／偏軟

花紋 — WH／中等

How to make

畫出邊框後塗上底色，等乾到一定程度，畫出白色部
分的邊框，把白色重疊塗在米色上面。等乾到一定程
度，再用糖霜加上直線和由水滴組成的裝飾。

羽毛　圖案 ›› p.94-3

Icing　顏色／硬度

邊框 — BR+BL／中等

底色 — BR+BL・WH／偏軟

羽毛 — WH／中等

文字 — BU+BR+BL／中等

How to make

沿著餅乾畫出橢圓形邊框和劃分顏色的十字部分，
然後平坦地塗上2種顏色。等到乾了之後，再畫上文
字、羽毛和圍繞四周的花紋。

花籃杯子蛋糕　Photo ›› p.22

How to make

1 製作杯子蛋糕，事先做好把手和花朵。
2 用湯匙將稍微偏軟的糖霜（調整成中等和偏軟之間的硬度。如果太軟一下子就會流下來，必須留意）淋在杯子蛋糕上，使其呈現自然的弧度。[A]
3 擺上用花嘴擠出的花朵，再放上把手加以固定。

A

花朵的作法

1 為偏硬的糖霜上色，充分打好後放進裝有花嘴101°的擠花袋中，一邊晃動手，一邊擠出邊緣呈鋸齒狀的扇形花瓣。
2 以4片花瓣圍成一圈。
3 將中等硬度的白色糖霜裝進擠花袋，朝著中央擠出線條。
4 在正中央貼上黑色Nonpareil杏仁豆。

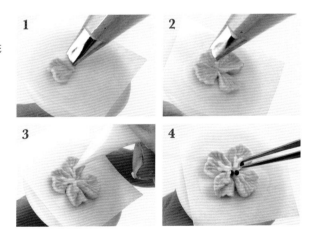

把手　圖案 ›› p.95-13

將裝有中等硬度白色糖霜的擠花袋前端剪得略寬（2～3mm）。
在OPP紙上畫草稿，然後一點一點地錯開位置，像在畫愛心似地沿著草稿擠出水滴，
做出2個把手。等到完全乾燥，再將2個把手背面相對黏在一起，乾燥備用。

小鳥　Photo ›› p.23

Icing　顏色／硬度

小鳥　邊框 — GY／中等，底色 — GY・WH／偏軟
花朵　邊框 — WH／中等，底色 — WH／中等，小鳥的腳・鳥喙 — BU／中等
花芯 — GY／中等，莖・葉 — HO／中等

How to make

1　畫出邊框，塗上底色。小鳥肚子部分的顏色要平坦相連。
2　翅膀的相鄰部分要等稍微凝固後再塗色。
3　等白色花朵乾到一定程度，再用線條描繪輪廓，然後重疊擠上圓點，做出黃色的花芯。在小鳥身上分散描繪出小花。
4　將擠花袋的前端剪得略寬，用綠色糖霜畫上莖。

5　用糖霜畫出小鳥的腳和鳥喙，眼睛則是用食用色素筆來描繪。在花朵的莖上畫上葉子，接著視整體平衡，分散擠上白色和黃色的圓點。

蝴 蝶

Icing　顏色／硬度

邊框 — GY／中等，底色 — GY／偏軟
蝴蝶中央 — WH／中等，花紋 — WH／中等

How to make

1　畫出邊框，塗上底色。
2　以描繪線條用的糖霜，擠出較大的圓點和水滴，畫出身體部分。
3　在蝴蝶的翅膀上描繪花紋。

花圈 Photo ›› p.24

含羞草

Icing 顏色／硬度

邊框 — WH／中等
底色 — WH／偏軟
莖・葉 — HO深淺／中等
含羞草 — GY／中等

How to make

1 畫出邊框，塗上底色。
2 視整體平衡，先使用深淺綠色畫出葉子和莖。
3 用中等硬度的黃色糖霜重疊擠上圓點，表現出花朵的樣子。

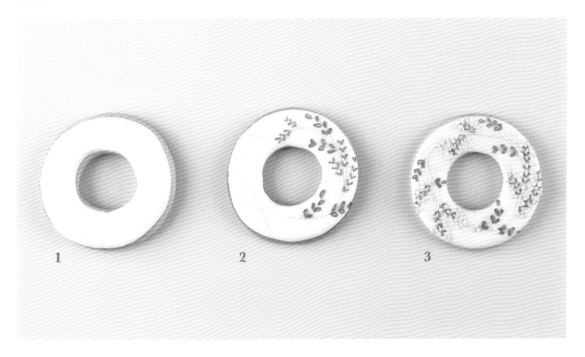

葡萄

Icing 顏色／硬度

邊框 — WH／中等，底色 — WH／偏軟
莖・葉 — HO深淺／中等
葡萄 — VI深淺／中等
花朵 — GY／中等

How to make

用中等硬度的黃色糖霜擠出水滴，描繪出花朵的形狀。再用中等硬度的深淺紫色糖霜擠出圓點，畫上葡萄。

粉紅色花朵

Icing 顏色／硬度

邊框 — WH／中等，底色 — WH／偏軟
莖・葉 — HO深淺／中等
粉紅色花朵 — NR+BR深淺／偏軟
花朵 — GY／中等

How to make

粉紅色花朵是用偏軟的淺粉紅色糖霜一邊取出輪廓一邊塗滿，然後在乾掉之前用深粉紅色在中央上色。乾燥之後，用酒精溶解褐色的凝膠狀色膏，加上線條。

刺繡茶壺　Photo ›› p.25

Icing　顏色／硬度

邊框 — WH／中等，底色 — WH／偏軟
莖・葉 — HO深淺／中等
花朵 — NR+BR深淺・GY

How to make　圖案 ≫ p.94-6、7

1 分別畫出茶壺本體、把手和蓋子部分的邊框，等候一段時間再分別塗上底色。
2 等到底色乾了，用深淺綠色像在製作外框一般畫出植物。
　接著畫出主角的花朵。
3 視整體平衡，畫上小刺繡圖案填補空白部分。

刺繡的畫法

1 畫出花朵的輪廓。
2 使用外側的顏色，以Z字型描繪，畫出的線條
　要超越輪廓線（這時要想像各線條是從花朵的
　中心往外呈放射狀延伸）。
3 用另一種顏色，像是要遮蓋步驟2的線條末端
　似地以Z字型描繪。

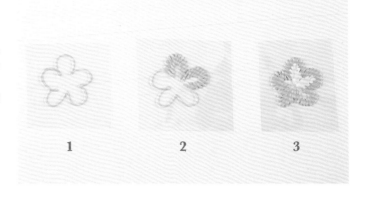

1　　　2　　　3

甜點屋　Photo ›› p.26-27

Icing　顏色／硬度

屋頂　粉紅色系 — NR+BR深淺・BL／偏軟
　　　邊框 — WH／中等
　　　　綠色系 — HO深淺・BR／偏軟
　　　邊框 — WH／中等
牆壁 — WH／偏軟
鐵花架 — 用竹炭粉調成黑色／中等
植物 — HO・GY・NR／中等

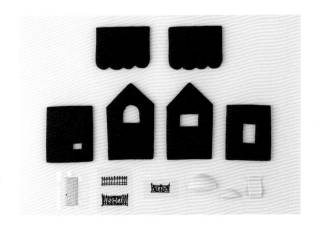

要製作的配件
餅乾模型 ≫ p.93-16～18
圖案 ≫ p.95-14～18

用可可餅乾烤出4片牆壁、2片屋頂。牆壁部分要事先挖出
做為窗戶的方孔。
用糖霜製作門、3個鐵花架，並用糖板製作各種遮陽棚。

各種遮陽棚

1 攪打糖板後擀薄，用圓形模型取型。
2 利用塗上起酥油的量匙使其產生弧度，然後靜置乾燥。等
　乾了之後再從湯匙上取下來。
3 遮陽棚的作法是在彎折的鋁板上塗上起酥油，然後在鋁板
　上邊塑型邊使其乾燥。等乾了之後再從鋁板上取下來。

屋頂和牆壁的裝飾

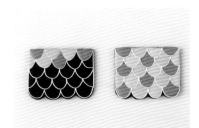

製作屋頂。畫出邊框，塗上3種不同的顏
色，等乾到一定程度再加上線條。

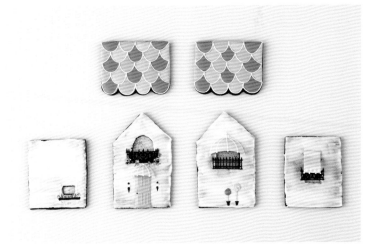

修飾牆壁。在事先挖好洞的窗戶上畫出植物，然後黏上鐵花架配件，再用糖霜貼上已
經乾了的遮陽棚。

How to make

1 用抹刀斜斜地削掉屋頂的接合部分。

2 用微波爐融化愛素糖,倒入窗戶內使其凝固。

Attention
由於溫度非常高,因此作業時請戴上耐熱手套。

3 將牆壁塗白。用筆塗上偏軟的糖霜,讓黑色稍微透出來,如p.73照片所示完成牆面裝飾。

4 在貼合牆壁的部分塗上糖霜。

5 貼合牆壁,使其乾燥。用糖霜黏貼4面牆壁,將其組裝起來。

6 如有需要就用筆塗上偏軟的糖霜(例如餅乾側面等)。

7 在放上屋頂的部分塗上糖霜。

8 之後放上屋頂就完成了。如有需要就像步驟6一樣,用筆在餅乾側面塗上一些糖霜。

結婚禮服　　Photo ›› p.28

Icing　　顏色／硬度

邊框 — WH／中等，底色 — WH／偏軟
花朵圖案 — WH／中等

How to make

1　畫出邊框，塗上白色底色。
2　等乾了之後再畫上花瓣。一片片地畫出輪廓，然後馬上用筆沾酒精，
　　以暈染方式由外往中心描繪。
3　擠出花芯的圓點，接著視整體平衡，在空白處擠出3個圓點聚集的圖案。

1　　　　　　　　　2　　　　　　　　　3

黑板畫鳥籠

Icing　　顏色／硬度

邊框 — 用竹炭粉調成黑色／中等
底色 — 用竹炭粉調成黑色／偏軟
刷色 — 白色食用色粉（Edelweiss）
植物 — HO・GY・RB／中等

How to make

1　塗上黑色底色。乾了之後，以少量酒精溶解食用色粉（Edelweiss），
　　用細筆畫出鳥籠。
2　用糖霜畫上植物，最後在餅乾上方的突起處綁上緞帶。

留言板　Photo ›› p.28

Icing　顏色／硬度

邊框 — WH／中等

底色 — WH／偏軟

花朵圖案、文字 — WH／中等

小鳥　邊框 — GY・RB／中等，底色 — GY・RB／偏軟

How to make

1　在餅乾周圍和正中央的橢圓形部分畫出邊框，等候一段時間再分別塗上底色。

2　在正中央橢圓形以外的部分，依照和結婚禮服相同的方式畫上花朵。
　　事先保留之後要放上小鳥的位置。

3　放上塗上藍色和黃色底色的小鳥餅乾裝飾，最後寫上文字。

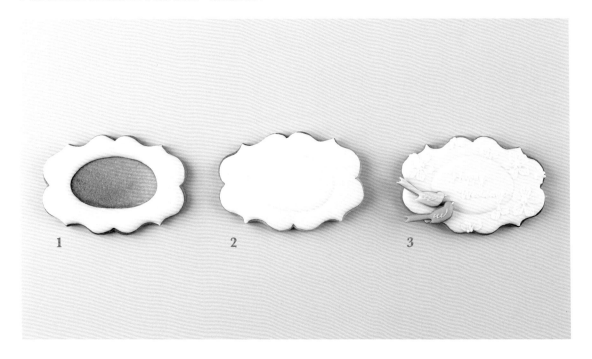

蛋糕裝飾（首字母） Photo ›› p.28-29

Icing　顏色／硬度

邊框 ― HO／中等，底色 ― HO／偏軟
裝飾、文字 ― WH／中等
小花的花芯 ― GY／中等

How to make

1 餅乾要先壓出溝紋後再烘烤（由於烤過後溝的部分會稍微變窄，因此最好壓出寬約1.5根棒子的溝）。

2 將棒子黏在溝上，畫出邊框（包括黏在餅乾上的棒子上半部在內），然後塗上偏軟的糖霜。

3 塗上厚到足以覆蓋棒子的底色，固定住棒子。

4 等到底色乾了再畫上周圍的花紋。沿著粗線的外側畫上細線（改變擠花袋前端剪開的大小加以變化）。

5 寫上首字母，接著視整體平衡畫上花朵。

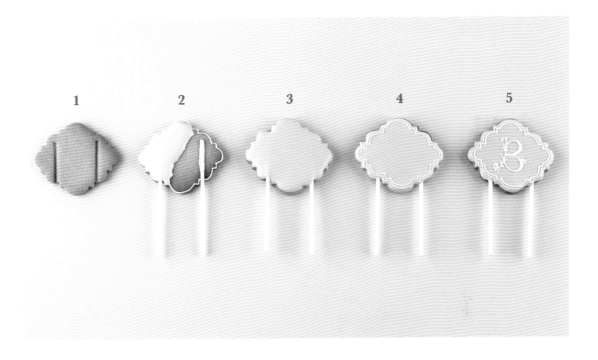

蛋糕裝飾（花圈）

Icing　顏色／硬度

邊框 ― NR+BR／中等
底色 ― NR+BR／偏軟
花圈 ― HO深淺・GY・VI・WH／中等

How to make

1 塗上底色，一邊將棒子固定在餅乾上。

2 使用深淺綠色畫上橢圓形。

3 視整體平衡，加上葉子和圓點，
最後貼上白色糖膏製作的花朵。

遊戲方塊　Photo ›› p.30

Icing　顏色／硬度

NR+BR・GY・BL少／邊框皆為中等，底色皆為偏軟
裝飾 — WH，文字 — HO／中等
鈕扣的刷色 — GY・BL

How to make　餅乾模型 ≫ p.93-14

1 畫出邊框，等到稍微凝固後再分別上色。
2 黃色部分要在乾掉之前畫上白色條紋，使其與底色融合。灰色部分要等乾了之後才擠上圓點，粉紅色部分則用中等硬度的白色糖霜在周圍畫上虛線。

3 事先做好鈕扣配件。利用模型取出鈕扣的形狀，等到乾了之後再用酒精溶解凝膠狀色膏，塗上顏色。用中等硬度的糖霜畫上縫線。
4 視整體平衡，在粉紅色部分畫上大寫字母和花朵，然後用糖霜貼上糖膏製作的鈕扣。

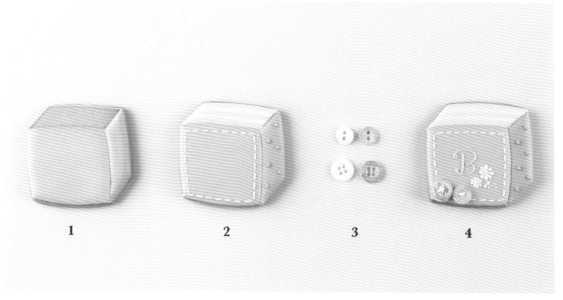

| 1 | 2 | 3 | 4 |

木馬

Icing　顏色／硬度

邊框 — WH／中等，底色 — WH／偏軟
底座　邊框 — BL少／中等，底色 — BL少／偏軟
鬃毛＆尾巴 — BL少／中等
馬鞍 — NR／偏軟，植物 — HO・WH・GY／中等
馬轡 — GY／中等

How to make

1 畫出邊框，用白色和灰色塗上底色。
2 畫上馬轡，馬鞍部分要先畫出邊框再塗成粉紅色，在乾掉之前加上白色圓點花紋。在底座的灰色部分畫上葉子。
3 用中等硬度的糖霜畫上鬃毛和尾巴，接著加上馬鞍的圓點裝飾，最後在灰色部分的中央畫上白色花朵。

熊 & 氣球　Photo » p.30

Icing　顏色／硬度

邊框 ─ WH／中等，底色 ─ WH／偏軟
氣球 ─ NR · BL少／中等 & 偏軟，植物 ─ HO／中等
熊的刷色 ─ BR，手腳的肉球 ─ WH／中等，小花 ─ WH · GY／中等

How to make　餅乾模型 » p.93-15

1　在餅乾上塗上白色底色，等乾到一定程度再分別相隔一段時間，為2個氣球和繩子上色。
2　製作熊的配件。使用模型將糖膏做成熊的造型，
　　等乾了之後再用酒精溶解凝膠狀色膏，用筆塗抹上色。
3　用白色糖霜在手腳和耳朵部分塗出毛茸茸的觸感，接著用食用色素筆畫出五官。
4　用糖霜貼上熊，最後畫上葉子和花朵。

1　　　　2　　　　3　　　　4

女孩連身衣

Icing　顏色／硬度

邊框 ─ NR+BR／中等，底色 ─ NR+BR／偏軟
衣領 ─ WH／中等 & 偏軟，蝴蝶結 & 鈕扣 ─ WH／中等

How to make

用粉紅色塗上底色，等乾到一定程度再畫上衣領的線條。將衣領塗成白色，然後畫上袖子的蕾絲花紋。先畫出口袋的線條再上色，最後畫上鈕扣和蝴蝶結。

男孩連身衣

Icing　顏色／硬度

邊框 ─ BL少／中等，底色 ─ BL少 · GY／偏軟
口袋 ─ GY，領圍的線條 ─ BL少／中等

How to make

先畫出邊框（包括條紋部分在內），接著由上而下依序為條紋上色，並使其平坦相連。先畫出口袋的線條再上色，最後加上領圍的線條。

蛋糕　Photo ›› p.31

Icing　顏色／硬度

海綿蛋糕　邊框 ─ BR／中等，底色 ─ BR／偏軟
蛋糕上方的奶油霜 ─ WH／中等，底色 ─ WH／偏軟
蠟燭 ─ WH／中等，草莓・燭火 ─ NR／中等，葉子 ─ HO／中等

How to make　圖案 ›› p.94-5

1　在OPP紙上製作蛋糕配件。利用褐色畫出蛋糕側面部分的邊框，然後由上而下依序為蛋糕的側面塗上褐色、白色以及褐色。

2　等到稍微乾了，趁尚未完全乾燥之前用牙籤戳刺褐色部分，製造粗糙感。在白色部分擠上紅色糖霜當成草莓。

3　畫出蛋糕上方的線條，然後塗上偏軟的白色糖霜。要讓糖霜稍微流向側面。

4　在蛋糕上方畫出蠟燭，等蛋糕部分乾到一定程度，再用綠色畫出圍繞蛋糕底部的線條。最後加上葉子和圓點。

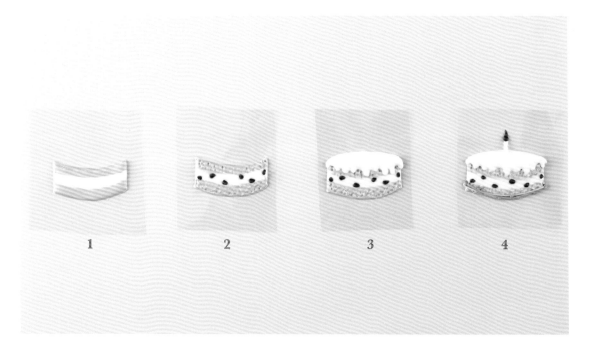

1　　　2　　　3　　　4

蛋糕的餅乾

Icing　顏色／硬度

邊框 ─ NR+BR／中等
底色 ─ NR+BR／偏軟
文字 ─ WH／中等

How to make

1　餅乾底座用粉紅色塗上底色。

2　將蛋糕配件輕輕地從OPP紙上取下，用糖霜黏在餅乾上，然後加上文字。

蝴蝶結留言卡　Photo ›› p.31

Icing　顏色／硬度

邊框 — WH／中等，底色 — WH／偏軟
滾邊＆蝴蝶結＆文字 — NR+BR／中等

How to make

1 餅乾先用模型壓出橢圓形痕跡再進行烘烤。
2 循著模型的壓痕畫出邊框，塗上底色。
3 在周圍擠上水滴花紋，然後在上方畫上蝴蝶結，並在中央寫上文字
　（畫蝴蝶結時，將擠花袋前端剪得寬一點比較好畫）。

1　　　　　　　　2　　　　　　　　3

數字5

Icing　顏色／硬度

邊框 — NR+BR／中等
底色 — NR+BR／偏軟
花紋 — WH・NR+BR淺淺地上色／中等

How to make

畫出邊框之後，用偏軟的糖霜
塗滿。利用水滴和線條畫出花
紋，然後用糖霜貼上糖膏製作
的花朵。

櫻桃

Icing　顏色／硬度

櫻桃果實 — NR+BR深淺／中等＆偏軟
光澤 — WH／偏軟
BU／中等，HO／中等

How to make

首先畫出右邊櫻桃的邊框，塗
上淺粉紅色，趁還沒乾時塗上
白色，使其與底色融合，表現
出光澤感。等到乾了之後，再
畫出左邊櫻桃的邊框，塗上深
粉紅色。

康乃馨　Photo ›› p.32

花圈

Icing　顏色／硬度

邊框 ─ WH／中等，底色 ─ WH／偏軟
莖 ─ HO深淺／中等

How to make

1 畫出邊框，塗上底色。
2 用綠色畫莖，然後用糖霜貼上事先做好的康乃馨。
3 用綠色畫花萼，直接和莖連在一起。

康乃馨（白色・粉紅色）

粉紅色是用NR+BR調成

How to make

1 將糖花膏擀薄，用圓形模型取型。
2 放在海綿墊上，用葉脈塑型棒像是將圓形糖膏的輪廓由內往外拉扯一般，
　製造出波浪狀。只要整體呈現破碎感就OK。
3 稍微錯開折起，然後捏著中心修整形狀。因為要在貼在平面上，
　所以後方要保持平坦。

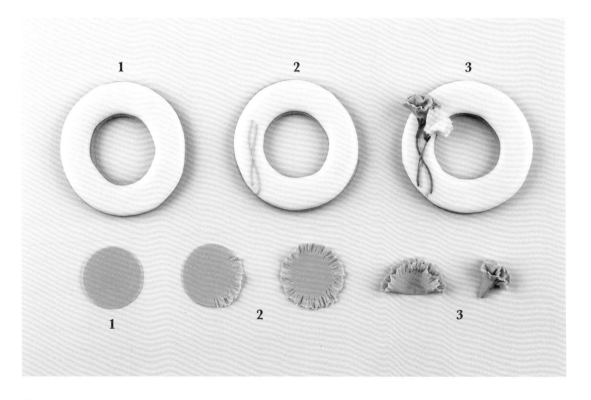

留言卡 Photo ›› p.33

粉紅色

Icing　顏色／硬度

粗略塗抹 — WH／偏硬
邊框 — NR+BR／中等
底色 — NR+BR／偏軟
裝飾 — WH／中等

How to make

1 在餅乾中央壓出橢圓形的線條後進行烘烤。
2 將白色糖霜用抹刀粗略地塗抹在餅乾的中央（覆蓋橢圓形部分）。
3 趁糖霜還沒乾時再次壓上橢圓形模型，然後循著模型的壓痕，
　畫出橢圓形的線條和餅乾周圍的邊框。
4 塗上柔軟的糖霜。
5 用圓點裝飾橢圓形的周圍。
6 黏上事先做好的糖膏花朵（參考p.46）。

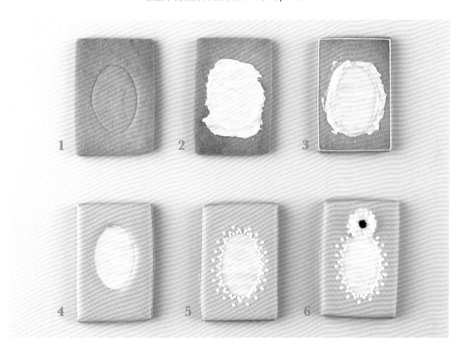

灰色

Icing　顏色／硬度

邊框 — BL少／中等
底色 — BL少／偏軟
植物 — HO深淺／中等

How to make

將底色塗成灰色，乾了之後用綠色畫上莖，做為外框。接著使
用深綠色畫出葉子，並添加白色圓點。用糖霜黏上事先做好的
糖膏花朵（參考p.46）。

條紋

Icing　顏色／硬度

邊框 — WH／中等
底色 — WH・BL少／偏軟
文字 — BL／中等

How to make

事先在餅乾上用橢圓形模型壓出線條後進行烘烤。條紋部分也
要畫出邊框，接著從末端開始依序為條紋上色，並讓相鄰部分
平坦相連。寫上文字後，用水滴在橢圓形周圍加上滾邊裝飾。
黏上事先擠好的糖霜玫瑰，最後擠上葉子。

貝殼相框 Photo ›› p.34

Icing　顏色／硬度

邊框 — RB+BL／中等
底色 — WH・RB+BL／偏軟
繩索 — WH／中等
刷色 — BR・NR／中等

How to make

1 餅乾要先用圓形模型在中央壓出線條後再烘烤，之後循著圓形壓痕畫出邊框。條紋部分也要用邊框劃分開來，然後保持平坦地上色，等乾到一定程度再塗抹正中央的圓形。

2 將圓形部分的花紋擠得像繩索一般。用筆在圓形下方塗上偏軟的白色糖霜，黏上三溫糖後，把事先擠好的貝殼貼上去。

3 用酒精溶解凝膠狀色膏，薄薄地塗在繩索、貝殼和海星上。

※各種配件　貝殼配件是使用花嘴PME42號，葉子是使用101s（糖霜為偏硬，用HO調色）；海星要在OPP紙上用擠花袋畫出形狀並確實乾燥（糖霜硬度為中等）。

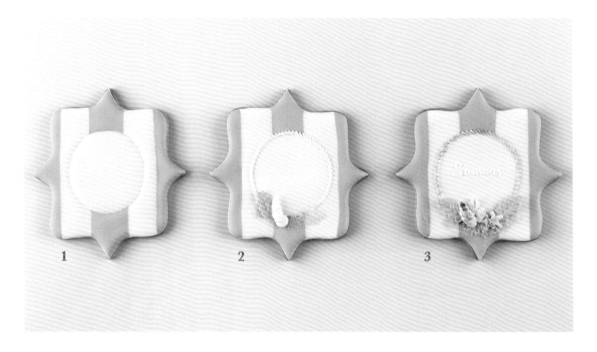

船錨

Icing　顏色／硬度

BB+BL／偏軟
船錨圖案 — WH／中等，縫線 — WH・NR／中等

How to make　餅乾模型 ›› p.92-12

烤餅乾時要使用矽膠烤墊，將印有網格的那面當作正面。用筆塗上偏軟的糖霜，然後畫出船錨圖案。交錯使用紅色和白色的糖霜，畫出縫線花紋。

救生圈

Icing　顏色／硬度

邊框 — WH／中等，底色 — WH・NR・BB+BL／偏軟
繩索 — WH／中等

How to make

畫出邊框，塗上白色部分。乾了之後，間隔塗上紅色和海軍藍，接著立刻撒上細砂糖，製造亮晶晶的效果。最後畫上繩索和扣環。

帆船 Photo ›› p.34

Icing 顏色／硬度

帆・船 — WH／中等＆偏軟，RB／中等＆偏軟
文字＆柱子 — BB+BL／中等
裝飾 — NR・WH／中等

How to make 餅乾模型》 p.92-13

1 首先用海軍藍畫出一條做為柱子的線條，接著畫出帆的邊框，先塗上白色部分的底色。在海軍藍的柱子上畫出白線，使其看起來像是綁上了繩子。

2 用水藍色遮蓋畫在海軍藍柱子上的線條末端。趁還沒乾掉之前，用白色糖霜畫出平坦的線條圖案。

3 等乾到一定程度，再畫上圓點、線條和文字。

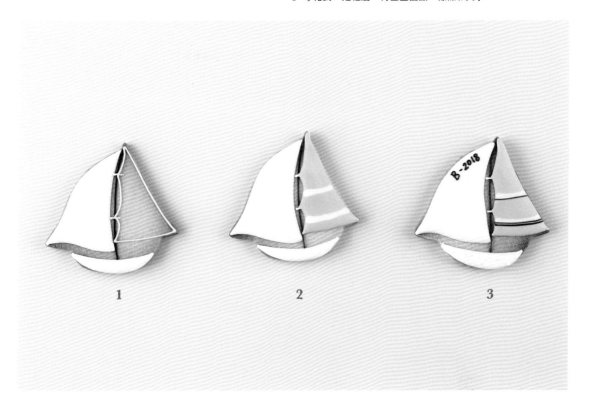

指南針

Icing 顏色／硬度

WH／偏軟，RB／偏軟
文字＆指南針的針 — NR・WH／中等

How to make

烤餅乾時要使用矽膠烤墊，將印有網格的那面當作正面，然後用筆塗上偏軟的糖霜。先用筆畫出底部花紋，再用擠花袋畫出指南針的針、表示方向的N和S等。

螃蟹

Icing 顏色／硬度

NR+BL／中等偏軟
眼睛 — WH・BL／中等

How to make

將用來畫線條的糖霜打得稍微偏軟，不畫邊框，直接以畫大圓點的方式，畫出立體且隆起的螃蟹身體部分。在塗上軟化糖霜的部分放上三溫糖，當成沙子。

女巫服＆帽子　Photo ›› p.35

Icing　顏色／硬度

粗略底色 ── GY／偏硬，GY+BL／偏硬
配件　邊框 ── 用竹炭粉調成黑色／中等
　　　底色 ── 用竹炭粉調成黑色／偏軟
裝飾 ── OR・VI・HO／中等，掃帚的刷色 ── BR

How to make　圖案 ›› p.95-11、12

1 用抹刀將糖霜粗略地塗在底座上。
2 在OPP紙上製作糖霜配件，使其乾燥。
　掃帚要用模型在糖膏上取型。
3 用糖霜黏上配件，然後畫上蝴蝶結。

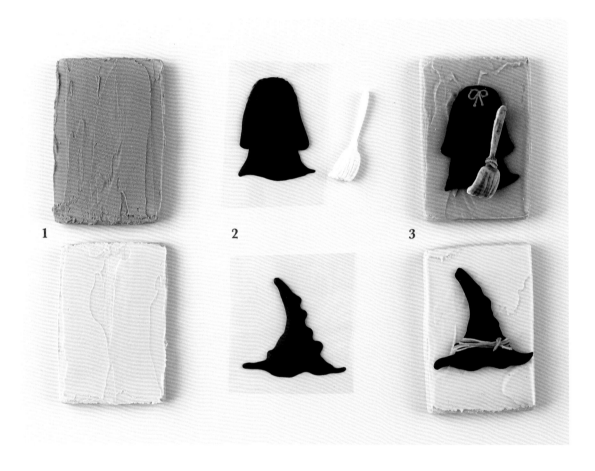

幽靈

Icing　顏色／硬度

邊框 ── WH／中等，底色 ── WH／偏軟
眼睛＆嘴巴 ── BL／中等，肩背包 ── BL・OR・VI／中等

How to make

1 畫出邊框，塗上底色，接著用黑色糖霜畫出五官。
2 以畫大圓點的方式畫出糖果肩背包（不畫邊框，
　直接用擠花袋的前端微微敲打糖霜表面，使其平整）。
3 在糖果部分畫上紫色線條，並在白色的空白部分寫上文字。

南瓜　Photo ›› p.35

Icing　顏色／硬度

邊框 ─ HO／中等，底色 ─ HO／偏軟
眼睛、鼻子、嘴巴 ─ WH・BL／中等

How to make

1　畫出邊框。
2　相鄰部分要等候一段時間再塗出立體感。
3　等乾到一定程度，再將白色糖霜擠成圓點狀，接著擠上黑色做成眼睛，
　　也畫上鼻子。蒂頭要用畫線條用的糖霜以Z字型畫上去。
4　畫上嘴巴，最後隨個人喜好畫上領結。

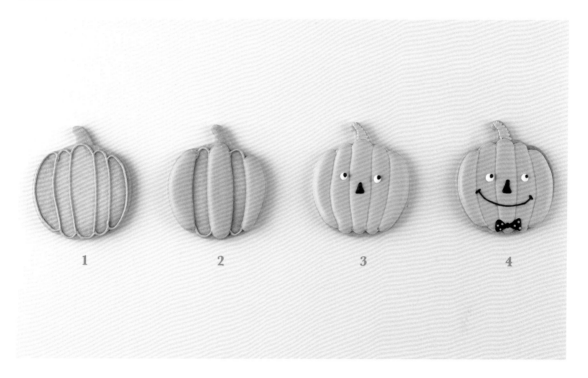

1　　　　　2　　　　　3　　　　　4

黑貓

Icing　顏色／硬度

邊框 ─ 用竹炭粉調成黑色／中等
底色 ─ 用竹炭粉調成黑色／偏軟
項圈 ─ OR・VI／中等

How to make

1　畫出邊框，塗上底色。
2　趁還沒乾時撒上細砂糖。
3　畫上項圈。

聖誕樹 Photo ›› p.36

Icing 顏色／硬度

邊框 — HO／中等，底色 — HO／偏軟
葉子 — HO／中等，果實 — NR・WH／中等，雪 — WH／中等

How to make

1 畫出邊框，塗上底色。
2 用綠色畫出葉子，然後視整體平衡，畫上紅色和白色的圓點。
3 以白色糖霜擠出圓點，接著用筆一個個暈染開來，畫成像雪的樣子。

1 2 3

花圈

Icing 顏色／硬度

邊框 — HO／中等，底色 — HO／偏軟
葉子 — HO／中等，果實 — NR・WH／中等
雪 — WH／中等

How to make

畫出邊框，塗上底色。用綠色
畫出葉子，然後視整體平衡，
畫上紅色和白色的圓點。在毬
果（參考p.47）上撒糖粉後黏
上去。

星星

Icing 顏色／硬度

邊框 — GY／中等
底色 — GY／偏軟

How to make

畫出邊框。用柔軟的糖霜塗滿
內部。然後趁未乾時撒上細砂
糖，製造出閃亮的效果。

裝飾品 Photo ›› p.37

Icing　顏色／硬度

邊框 — RB+BL／中等，底色 — RB+BL／偏軟
紙模 — WH／中等

How to make

1 畫出邊框，塗上底色。
2 等到完全乾燥再放上紙模，
　用抹刀將糖霜抹上去，印出圖案。
3 輕輕撕下紙模。

馴鹿

Icing　顏色／硬度

邊框 — BL少／中等，底色 — BL少・WH／偏軟
植物花紋 — GY／中等
馴鹿配件　邊框 — WH／中等，底色 — WH／偏軟
冬青樹葉 — HO／偏硬，圓點 — NR・WH／中等

How to make　圖案 ≫ p.95-10

1 畫出邊框，將底色塗成大理石花紋。使用2色糖霜混色塗抹。
2 在周圍畫上植物花紋。
3 用糖霜黏上事先做好的馴鹿臉部配件，接著參考圖案，徒手在餅乾上畫
　出鹿角（因為鹿角即使做成配件貼上去也很容易碎掉）。擠上冬青樹葉
　和紅、白色圓點。

小鳥的情書　Photo ›› p.38

Icing 　顏色／硬度

邊框 — NR+BR／中等，底色 — NR+BR／偏軟
裝飾 — WH・BL少・NR少／中等
情書　邊框 — WH／中等，底色 — WH／偏軟

How to make

1 畫出邊框，塗上底色。
2 一邊視整體平衡，用植物圖案的線條畫出外框。
3 用糖霜將小鳥配件黏在中央，然後畫出情書的邊框，塗滿內部。
　 情書乾了之後加上線條。

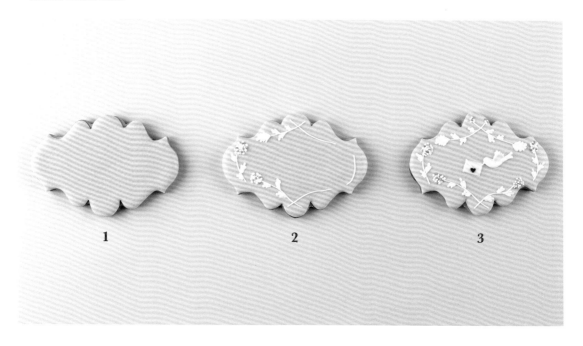

小鳥配件

Icing 　顏色／硬度

翅膀 — WH／偏硬，身體部分 — WH／中等偏軟

How to make 　圖案 ›› p.94-8、9

1 事先用偏硬的糖霜擠出翅膀，使其乾燥。
2 將OPP紙放在小鳥的草圖上，先用偏硬的糖霜畫出翅膀，接著用稍微偏軟的糖霜塗出隆起的形狀。用擠花袋的前端敲打糖霜表面，使其平整。
3 趁步驟2還沒乾時插上步驟1做好的翅膀，使其感覺像是飄浮起來，之後就保持這個角度確實乾燥。

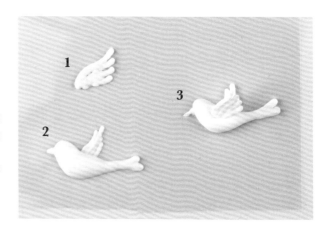

實物大餅乾模型

實物大餅乾模型

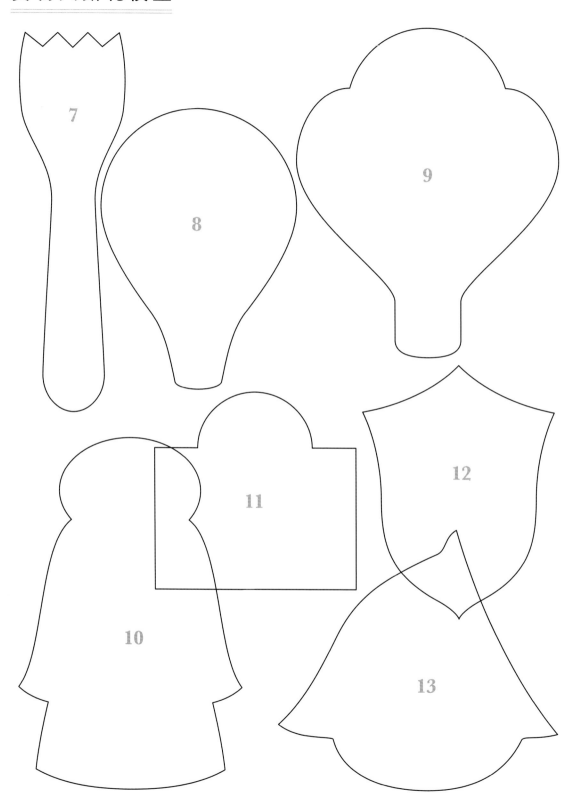

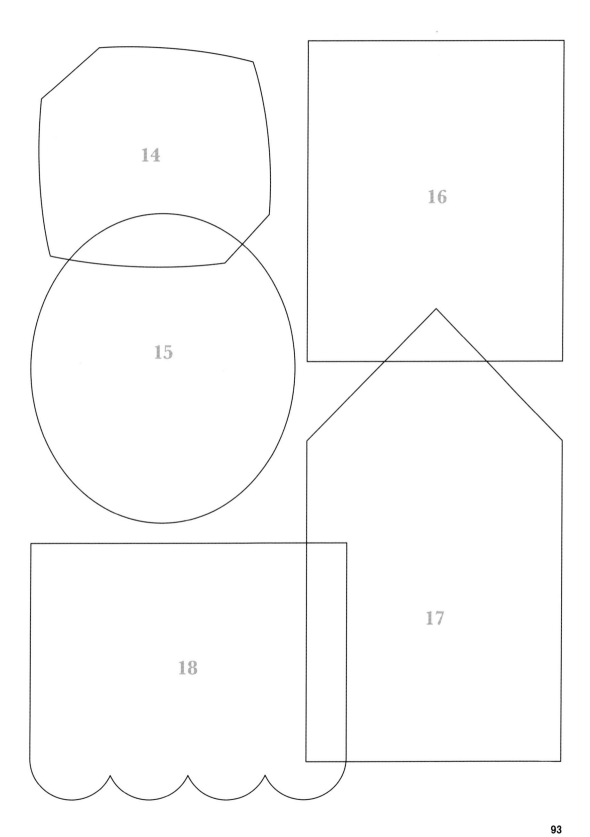

實物大圖案

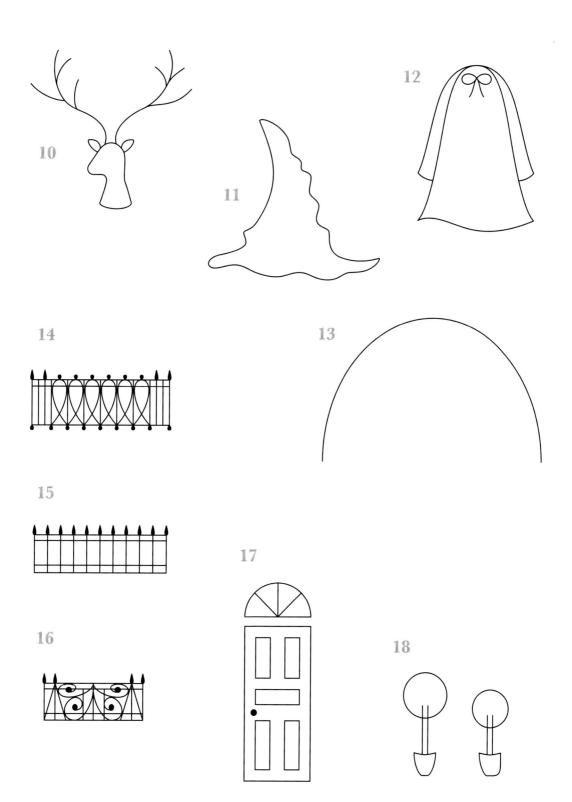

池田まきこ（Makiko Ikeda）

2012年開設糖霜餅乾教室Bon! Farine。為了讓更多人了解糖霜餅乾的魅力，在位於兵庫縣蘆屋市的工作室開辦適合新手到老手的各式豐富課程，也會不定期到全日本各地授課。為日本Salonaise協會糖霜餅乾認證講師。

http://www.bon-farine.com/

一般社團法人　日本Salonaise協會（JSA）

2013年成立。以「培養將興趣變成事業的女性」為理念，協助和培育出許多在自家開辦教室的優秀沙龍講師（Salonaise）。在女性創業及社會貢獻方面都有極高的評價，並於「協會Award 2015」中獲得大獎——文部科學大臣賞。主要開辦糖霜餅乾、和菓子、裱花蛋糕及麵包等講師培育講座，以日本和亞洲為中心，現已培訓出超過8000名講師。

英倫風手繪糖霜餅乾100款

2019年2月1日初版第一刷發行
2019年3月1日初版第二刷發行

作　　　者	一般社團法人 日本Salonaise協會　池田まきこ	
譯　　　者	曹茹蘋	
副 主 編	陳正芳	
美 術 設 計	黃盈捷	
發 行 人	齋木祥行	
發 行 所	台灣東販股份有限公司	
	＜地址＞台北市南京東路4段130號2F-1	
	＜電話＞(02)2577-8878	
	＜傳真＞(02)2577-8896	
	＜網址＞http://www.tohan.com.tw	
郵 撥 帳 號	1405049-4	
法 律 顧 問	蕭雄淋律師	
總 經 銷	聯合發行股份有限公司	
	＜電話＞(02)2917-8022	
香港總代理	萬里機構出版有限公司	
	＜電話＞2564-7511	
	＜傳真＞2565-5539	

【日文版工作人員】

製作助理　奧野伊希子　小津ユリ　佐々木利恵　柴田麻衣子　西岡麻子　萩原佑果　廣瀬眞紀子　堀野香澄　真次真利枝　松浦真理

攝影	蜂巣文香
造型	曲田有子
描圖	松尾容巳子（Mondo Yumico）
書籍設計	塚田佳奈・清水真子（ME & MIRACO）
編輯	大野雅代（クリエイトONO）

甜點材料提供
SQUIRES KITCHEN JAPAN
https://cakeartboutique.shop-pro.jp

攝影協力
UTUWA
〒151-0051 東京都渋谷区千駄ヶ谷 3-50-11
明星 Building 1F

國家圖書館出版品預行編目資料

英倫風手繪糖霜餅乾100款 /
　池田まきこ著；曹茹蘋譯. -- 初版.
　-- 臺北市：臺灣東販, 2019.02
　96面；18.2×24公分
　ISBN 978-986-475-906-4 (平裝)

1.點心食譜

427.16　　　　　　　　107022785

BRITISH STYLE NA ICING COOKIE
©Japan salonaise association 2018
Originally published in Japan in 2018 by
NITTO SHOIN HONSHA CO., LTD., TOKYO,
Traditional Chinese translation rights arranged with
NITTO SHOIN HONSHA CO., LTD., TOKYO.

TOHAN